国家公园研究院 × 十万个为什么 联袂出品

National Parks of China

中国国家公园

东北虎豹国家公园

欧阳志云 主编　沈梅华 臧振华 徐卫华 著

少年儿童出版社

主编

欧阳志云

副主编

徐卫华

编委

沈梅华、臧振华、胡雄蛟、孙工棋、陈晓才、郭华兵、付明千、李世冉、
马平川、方健、李颖、王志刚、史晔、沈安琪、陈天

支撑单位

国家林业和草原局中国科学院国家公园研究院

资助项目

国家自然科学基金（72241416）、国家林业和草原局中国科学院国家公园研究院研究专项

特别鸣谢

东北虎豹国家公园管理局
环球自然日活动组委会

序言

为了保护地球上丰富的野生动植物和独特的自然景观，1872年美国建立了世界上第一个国家公园——黄石国家公园。随着国家公园理念不断地拓展和深化，目前全球有200多个国家和地区建立了6700多处国家公园。国家公园在生态系统、珍稀濒危动植物物种、地质遗迹和自然景观等自然资源的保护中发挥了重要作用。

我国自然生态系统复杂多样，分布着地球上几乎所有类型的陆地和海洋生态系统，是全球生物多样性最为丰富的国家之一：动植物物种数量多，约有37 000种高等植物、6900种脊椎动物，分别占全球总数的10%与13%；其中只在我国分布的特有植物超过17 300种，特有脊椎动物超过700种。我国的动植物区系起源古老，保留了桫椤、银杏、水杉、扬子鳄、大熊猫等白垩纪、第三纪的古老孑遗物种；自然条件与地质过程复杂，孕育了张家界砂岩峰林、珠穆朗玛峰、九寨沟水景、青海湖、海南热带雨林、蓬莱海市蜃楼等独特的地文、水文、生物与天象自然景观。2013年，我国提出"建立国家公园体制"，目的是保护丰富的生物多样性与自然景观，为子孙后代留下珍贵的自然资产，实现人与自然和谐共生。

2021年，习近平总书记在《生物多样性公约》第15次缔约方大会领导人峰会上宣布中国正式设立首批国家公园，包括三江源国家公园、东北虎豹国家公园、大熊猫国家公园、海南热带雨林国家公园与武夷山国家公园。它们是我国丰富生物多样性的典型代表，保护了大家熟知，尤其是小朋友喜爱的憨态可掬的大熊猫、威武凶猛的东北虎、"高原精灵"藏羚羊、美丽的绿绒蒿和濒危的海南长臂猿等。这些珍稀的动植物，能将我们带入川西北的高山峡谷、北国的林海雪原、青藏高原的高寒草地与冰川、海南岛的热带雨林等神奇自然秘境。这里不仅是千千万万植物、动物与微生物生存繁衍的乐园，也是人类接近自然、认识自然和欣赏自然的最佳场所。

国家公园研究院与少年儿童出版社策划的"中国国家公园"科普书，是在各分册作者与编委精心组织和辛勤工作的基础上完成的，得到了国家林业和草原局的大力支持，还有三江源、东北虎豹、大熊猫、海南热带雨林与武夷山等国家公园管理机构的无私帮助，在此表示衷心的感谢。尤其要感谢主创团队（图文作者和编辑），他们将关怀青少年成长的爱心和热爱大自然的情怀相融合，将生物多样性的专业知识转化为通俗易懂的语言和妙趣横生的故事。

我相信这套"中国国家公园"科普书能够成为众多青少年走进国家公园的一张导览图，成为启发他们感受美丽中国、思考生态保护的入门书。

国家公园研究院院长
美国国家科学院外籍院士

目录

欢迎来到东北虎豹国家公园

总面积达 **1.41** 万 平方千米，

超过 **95%** 的面积都被森林所覆盖。

如果你喜欢毛茸茸的"大猫"，那一定不能错过东北虎豹国家公园，这里是野生东北虎、东北豹生存繁衍之地。但你来到这里就能遇见它们吗？那可不一定！不仅因为虎豹都十分机警，对人类敬而远之，而且它们的数量已经非常稀少了。野生东北虎十分濒危，目前世界上仅存不到500只，东北豹的保护形势也很严峻，目前全球种群数量不足100只。

东北虎豹国家公园地处中国吉林、黑龙江两省交界的老爷岭南部区域。东北虎豹国家公园的建立，为东北虎、东北豹等珍稀濒危野生动植物的繁衍生息提供了庇护所。

北境森林

东北虎豹国家公园森林面积广阔，植被类型主要是温带针阔混交林。

针阔混交林

针阔混交林是由常绿针叶树与落叶树混合生长组成的森林，属于温带地区的森林类型。东北虎豹国家公园是亚洲温带针阔混交林生态系统的中心地带，这里的针阔混交林主要以红松、枫桦、蒙古栎、水曲柳等树种构成。

另外，东北虎豹国家公园里还有以长白落叶松、鱼鳞云杉、臭冷杉、红皮云杉为代表的寒温带针叶林，以东北红豆杉为代表的温带针叶林，以及以蒙古栎、白桦、山杨、色木槭、胡桃楸为代表的落叶阔叶林。

重要的落叶层

东北虎豹国家公园所处地区较为凉爽，相比热带地区的生态系统，能"上岗"的分解者较为有限，所以落叶会在地面积累起来，腐烂速度很慢，久而久之形成疏松而富有营养的土壤。东北的黑土地就是这些有机物长期堆积形成的。

山前

红松

水曲柳

蒙古栎

鸡爪槭

山茱萸

木贼

东北蹄盖蕨

虎豹公园之春

　　东北虎豹国家公园属温带大陆性季风气候，由于距日本海较近，同时也受海洋性气候影响，这里四季分明，春季多风少雨、较干旱，夏季炎热但短促，秋季清凉且降温迅速，冬季寒冷又漫长，形成了自成一格的气候景观：春季万物复苏，夏季绿树成荫，秋季层林尽染，冬季银装素裹。

早春的花朵和树木

乍暖还寒时分，趁着阔叶树的叶子还没有长出来，阳光还能投射到地面，森林中的地被层和较为低矮的植物开始抓紧时间开花。

而对于高大的树木来说，此刻它们面临这样的抉择：先开花还是先长叶？先长树叶能为植物带来能量；而先开花必然更加醒目，能够吸引昆虫优先为自己传粉，也不容易和其他树的花期"撞车"，提高传粉效率。对于这个问题，不同的植物都有各自的选择。

玉竹

常见春花植物

款冬

顶冰花

北重楼

鸟儿来到

植物开花长叶之后，昆虫便陆续出现了，它们能为鸟类提供充足的食物。很多迁徙鸟类远道而来，不仅为了取食这里的丰富食物，也是为了夏天在这里生儿育女。有些鸟儿早早地就来到这里，抢占优质地段——"好地段"能在即将到来的繁殖季为鸟儿们提供更多的食物，天敌的威胁和侵扰也比较少。

虎豹公园之夏

蘑菇的季节

东北虎豹国家公园里生长着多种大型真菌，也就是我们俗称的"蘑菇"。雨水充沛的春夏季节，是观赏各种蘑菇的好时节。在山林行走的时候，如果恰逢之前连续下了几天雨，别忘了留意树干基部、腐木、草地甚至动物粪便，上面会有菇类冒出头来。不过提醒大家一句，辨识野菇有难度，食用野菇有风险，千万不要随便采摘。至于东北虎豹国家公园里最有名的蘑菇"松口蘑"（也就是松茸），要到秋天才会冒头。

两爬出没

夏天是玩水的季节，当我们夏天在东北虎豹国家公园的水边玩耍的时候，可以注意观察一下水边有哪些两栖动物和爬行动物在活动。

鱼类洄游

东北虎豹国家公园里的绥芬河等河流是许多鱼类的繁殖场，三块鱼、马苏大马哈鱼、细鳞鲑等洄游鱼类每到 5 月之后的繁殖季节就会逆流而上，去世代相传的繁殖场生育后代。此时，很多鱼的体色都会变得非常靓丽，其中一些鱼产卵后就会死去，但也有一些鱼能够多次繁殖。

虎豹公园之秋

树叶缘何变色

　　到了秋天，不同的植物会用不同的方式来应对干旱和寒冷，有些个体甚至为了保障下一代在新的一年萌发而早早死去。许多落叶树种采取的策略则是舍弃树叶，以"丢卒保车"的方式来过冬。

　　在树叶凋落之前，树叶里的叶绿素（正是它们使树叶看上去呈现绿色）会被分解掉，从中转化的能量会被树木利用和保存起来。当叶子里只剩叶黄素和类胡萝卜素，树叶就变黄了。而有些树会产生花青素，这种抗氧化物质具有防晒、抗衰老作用，能够使树叶在树上多坚持一段时间，站好最后一班岗——这些树叶就会呈现出红色或紫红色。

贴秋膘的时候到了

为了应对漫长且难熬的严冬，动物们必须在秋天做好万全准备。有的动物有储粮的习性，但是储备的粮食会面临遗失、被盗、变质之类的问题。所以有很多动物不储备粮食，而选择直接把能量贮备在身上。秋天很多动物像吹气球似的鼓胀起来，变得肥厚圆润，就是因为它们体内存储了厚厚的脂肪。这些"膘"不仅是它们的后备能量来源，也是御寒的神器。

虎豹公园之冬

动物如何过冬

　　如果你在冬天来访东北虎豹国家公园，可能会想到一个问题：动物是如何在这冰天雪地的环境中存活的呢？面对严寒，动物们有自己的解决之道。

　　第一是离开。许多迁徙鸟类选择在冬天到来之前飞到南方或者其他温暖、有食物的地方去，等到开春了环境有所改善再回来。

　　第二是蛰伏。一些动物靠躲在温暖的窝中睡觉来度过整个冬天，所消耗的能量完全来自夏秋之际存储在身体里的脂肪储备。

　　第三是换毛换羽。还有一些动物在冬天也保持活跃，它们换上由厚厚的皮下脂肪和长而密实的毛发组成的"毛皮大衣"，不少动物的"大衣"还换上了能够完美融入雪地的保护色。

　　第四是"抱团取暖"。一些集群生活的动物还能靠挤在一起来取暖。

　　如果你在冬天看到动物的话，可以仔细观察一下它们和夏天看上去有什么不同，它们是如何适应冬天寒冷环境的。

植物的过冬秘诀

植物和动物不一样，它们没有腿不能跑，只能设法在原地过冬。

落叶阔叶树秉持"树生得意须尽欢"。在适宜的季节利用一切资源尽全力生长，以大量的叶片制造大量养分。秋天气温急剧下降时，就舍弃叶片，靠存储在根和树干里的营养过冬。

而常绿针叶树则是谨慎的"节俭分子"。它们会小心翼翼地用好每一点养分投资，武装自己小而坚固的叶片，令叶片更长久地发挥作用，从而使自己能够在水分、养分更加贫瘠的地方生长。

在东北虎豹国家公园相对靠北的地方，气候更加寒冷干旱，冬季即使保留了树叶也制造不出多少养分，即便是针叶树也不得不采用舍弃树叶的方式来保存能量。

为了防止体内的水分在严寒的季节里冻结，很多植物会合成糖分作为抗冻剂，通过提高体液的浓度来防冻。

有些植物看起来似乎在冬天枯萎了，但实际上它们的地下部分（根、鳞茎、块茎等）都还活着，它们将浓缩的营养物质都储存在地下，到了第二年春天的时候，又能很快焕发出生机。

也有一些植物确实会在冬季死去，但在此之前，它们已经完成了自己的使命，留下了后代——种子。虽然有些种子会被动物吃掉，但也有一些会被埋藏起来或者落到适宜生长的地方，在漫长的冬天之后，种子就会以全新的姿态绽放。

神奇动物在这里

东北虎豹国家公园虽以"虎豹"为名，但庇佑的可不仅仅是虎、豹这两种动物。东北虎与东北豹的保护，对整个森林生态系统来说都有重要的意义。

东北虎、东北豹生存所需的栖息地面积大，它们适宜的生存环境涵盖了许多其他物种的适宜生境，因此，东北虎与东北豹的保护像撑起了一把大伞，保护它们的同时也保护了其他物种的家园，因此它们被称为**伞护种**。

东北虎、东北豹作为大型食肉动物，必须依赖足够数量的猎物才可能在这里生存下去，它们是温带森林生态系统健康的重要标志。因此东北虎与东北豹被称为森林生态系统的**关键种**。

此外，作为最著名的"大猫"，名气响亮的东北虎能够提高公众的保护意识，促使公众支持保护行动或捐赠保护资金，带动区域内其他保护项目的开展。因此，东北虎也被称为生物多样性保护的**旗舰物种**。

根据最新东北虎豹国家公园综合科学考察数据显示，东北虎豹国家公园有 **397** 种陆生脊椎动物。其中，包括 **15** 种国家一级保护动物，**43** 种国家二级保护动物。

世界上最大的"猫"：东北虎

虎是世界上现存体形最大的猫科动物，而东北虎又是现存 5 个虎亚种中体形最大的。它们行动时气势非凡，不愧是"兽中之王"。老虎主要捕食中大型哺乳动物，雄虎甚至可以与棕熊一较高下。

头又大又圆，脸比较宽，前额花纹类似"王"字

耳背是黑色的，上面有白斑

前肢发达粗壮

东北虎

（虎的亚种）

体长：约 200 厘米
体重：170 ~ 250 千克
常见程度：★
保护等级：国家一级
主要生境：各种类型的森林
食物：主要以梅花鹿、马鹿、狍子、野猪为食，偶尔捕食蛇类和鱼类，也吃松子、胡桃、榛子等野果，食物缺乏时，也会捕杀猪、羊、牛等家禽家畜，甚至可能袭击人类

为什么说"一山不容二虎"

老虎作为顶级食肉动物，需要大量猎物以维持自己的生存。所以每一只虎都有自己的领地，也就是自己专属的、不容其他老虎侵犯染指的猎场。领地的大小随着环境的不同而改变：在猎物密度比较大、比较多的南方地区，虎的领地可能就是一个"山头"，面积大约为十几平方千米。但在东北虎豹国家公园，东北虎的猎物比较稀少，雌性东北虎的领地范围为 300～500 平方千米，雄性东北虎的领地范围为 600～800 平方千米。这就是"一山不容二虎"的由来。但另一方面，这句俗语也不完全正确，因为雄虎的领地其实是可以与雌虎领地重叠的，而且，一只雄虎的领地可能会覆盖多只雌虎领地。

皮毛厚，颜色相对其他老虎亚种较浅

老虎与文化

过去，东北虎被当地人奉为"山神爷""野猪倌"，被视为农业生产的保护神。在中国文化当中，虎也一直都是王权、力量和骁勇的象征。在东北的史前岩画上也有很多虎的形象。在东北市场上，我们很容易就能买到虎头鞋、虎头帽、虎枕、虎偶等以老虎形象为主题的产品，可以看到虎文化在这里早已深入人心。

最抗冻的虎

野生东北虎是目前全世界生活纬度最高的虎亚种，它们演化出了一系列抗寒的特征。

抗寒攻略一：多吃，长胖

秋末，是东北虎一年之中最"肥"的季节，因为它们要为过冬储备能量了。

在秋季，为了贴秋膘，东北虎几乎不挑猎物，就连捕猎风险较高的棕熊都会主动地捕杀（以雌熊和幼崽为主）。

抗寒攻略二：毛发

虎的毛发为浅黄色到红棕色，有黑色至棕色条纹。从整体上看，生活在热带和亚热带地区的虎体色比较相近，而东北虎的毛发要比其他虎亚种浅一些。到了冬季，东北虎的毛发颜色会变得更浅一些，可以更好地融入雪地山林中。相较其他虎亚种，东北虎的毛发也是最长、最厚的，这也为它们披上了保暖的"外衣"。

相比其他虎亚种，东北虎的体形更大，毛发也是最长、最厚的

动物不脸盲：
孟加拉虎

- 主要生活在印度和孟加拉国，是目前数量最多、分布最广的虎亚种。
- 拥有异常粗壮的犬齿，是所有猫科动物之中犬齿最长、最大的。
- 体形比东北虎稍小。
- 毛色为橙色至浅橙色，总体上比东北虎更深一些。

饱受威胁的老虎

　　全世界老虎的分布区都在不断地缩减。20世纪50年代，中国东北地区还有200只东北虎。20世纪末，在中国东北地区活动的东北虎数量降到了个位数。在人们的努力保护下，目前东北虎豹国家公园里的野生东北虎数量开始回升。但由于栖息地破碎，东北虎迁徙困难，并且猎物数量、种类分布不均，使得它们偶尔会与人类发生冲突。此外鉴于盗猎威胁还未完全消除，它们仍有灭绝的风险。

　　2001年，吉林珲春国家级东北虎自然保护区成立，它是中国第一个用来保护老虎的保护区。在2017年，中国又成立了东北虎豹国家公园（2021年前为试点），扩大了保护面积。在这些努力下，东北虎豹国家公园里的野生东北虎数量已增加至60多只！

东北虎研究大揭秘

为了保护东北虎，科学家对它们展开了深入的研究。然而，老虎行踪非常谨慎、隐蔽，因此在野外很难遇到，要开展直接观察更是困难重重。科研人员采用痕迹调查、非损伤样本采集等手段间接获得了一些老虎的信息。随着科技的发展，科学家正在利用一些科学仪器，如无线电通信设备、红外相机、GPS定位项圈等进行辅助研究。

攻略一：搜集现场痕迹

东北虎在野外很难见到，但如果一个区域内有老虎生存，那一定会留下痕迹。因此，科研人员就像刑侦人员一样，小心搜集老虎在野外留下的所有证据，如脚印、毛发、粪便、尿液、休息时留下的痕迹，等等。

如何得知这种脚印是否是老虎留下的呢？老虎的脚印就像巨大版的猫脚印，前面有4个椭圆形的脚趾印，正常行走时很少留下爪痕。老虎的掌垫很宽，后缘有3个明显起伏的圆瓣，这是猫科动物足迹的明显特征。然后，通过测量足垫的宽度，科研人员可以将老虎与其他猫科动物进行区分；再通过测量足迹和足迹间的距离，可以推算老虎的性别、是否成年，以及个体大小。

另外，留在树上的毛发，甚至地上的粪便都是重要的科研资料。老虎粪便的形状很有特点，且里面可能包含着一些动物毛发。

攻略二：实验室现场"断案"

如果在野外找到东北虎的毛发和粪便，那可真是太宝贵啦！科研人员会小心地将这些材料用不同的袋子保存。回实验室后，通过提取毛发和粪便的DNA，可以得知这只老虎是雌是雄，与其他老虎之间有着怎样的亲缘关系，它是不是近亲交配的后代等重要科学问题。

攻略三：无线电追踪

近年来，红外相机被广泛运用到野生动物研究中，这种相机通过动物散发出的红外线进行感光成像，因此不需要人们亲自到野外给野生动物拍照。把红外相机安装在动物经常出没的区域，调试好角度，便可以在野外自动给动物拍照。科研人员通过对花纹的辨识，就可以识别每一只老虎，并初步计算出一共有多少只老虎，记录它们的活动规律等。如今，工作人员安装了大量可实时传输的无线红外相机等野外监测终端，已覆盖整个国家公园。

攻略四："天地空"一体化监测系统

结合实时传输的红外相机等终端监测设备以及遥感卫星，组成了东北虎豹国家公园的"天地空"一体化监测系统。

"天"主要基于高分辨率卫星影像，实现对东北虎豹国家公园多期影像变化的分析监测。"地"主要通过无线红外相机、实时监测探头、便携式动物监测仪等加强对东北虎、东北豹的种群数量和结构监测，并通过野外观测站（基地）等对东北虎豹国家公园进行长期连续监测。"空"主要通过无人机等飞行器搭载数据影像采集设备监测东北虎、东北豹栖息地及变化情况，以及处理应急救援、救护等突发事件。

攻略五：社区访问

在老虎生活的区域，也生活着一些普通居民，他们的生活免不了要与老虎及其猎物打交道。通过与当地居民的沟通，科研人员可以获得很多老虎的补充信息，同时了解当地居民对老虎的看法，对于保护老虎来说也至关重要。根据社区调查反馈，有关部门可以制定既有利于当地居民生活，又可以保护老虎的有效措施。

攻略六：跨国保护研究

东北虎豹国家公园东部、东南部与俄罗斯滨海边疆区的豹地国家公园接壤，是目前唯一与国外毗邻的国家公园。

东北虎豹国家公园是俄罗斯远东地区东北虎豹种群向中国扩散的必经之地。因此，东北虎豹国家公园与俄罗斯豹地国家公园通力合作，共同进行科学研究。双方将在虎豹跨境活动研究、中俄联合监测、科学研究数据共享、技术经验交流等方面开展深入合作。

雪地迷踪：东北豹

东北豹又称远东豹，是豹的亚种之一。虽然豹在亚洲和非洲分布非常广泛，但东北豹数量已经非常稀少，仅仅分布在中国东北和俄罗斯远东地区，濒危程度超过大熊猫。

比大熊猫更稀有的哺乳动物

东北豹是国家一级保护动物，目前中国境内数量不足百只。世界自然保护联盟将其列为"极危"物种。

东北豹曾广泛分布于中国长白山、俄罗斯远东地区南部和朝鲜半岛。近几十年来，随着经济和社会的不断发展，人们对自然资源的需求越来越强烈，在东北豹的传统分布区内，盗猎、乱砍滥伐等人类过度干扰行为造成了东北豹栖息地被严重破坏。另外，由于东北豹的分布范围越来越小，且呈"孤岛状"分布，极易产生近亲交配，从而严重影响了东北豹种群的繁殖力、寿命及抗病的能力。

如今，东北虎豹国家公园通过开展虎豹栖息地的修复，林地的清收，有序退出开发项目，打通虎豹迁徙通道，东北豹的种群数量逐渐增加。根据最新的监测数据显示，东北豹种群数量达 60 只以上。

东北豹

（豹的亚种）

体长：130 ~ 150 厘米
体重：25 ~ 45 千克
常见程度：★
保护等级：国家一级
主要生境：各种生境都有分布
食物：机会主义捕食者，能捕食小到昆虫、鸟类，大到 50 千克的有蹄动物，最爱吃的是狍子

虎和豹的关系怎么样

有些人觉得老虎和豹子都是猫科动物，所以它们的关系应该差不到哪里去吧？很遗憾，事实并非如此。虽然豹子的体形要比老虎小一号，但是在老虎看来，它们仍然是会和自己竞争食物的潜在对手。多数情况下老虎只要看到豹子就会痛下杀手，但它们一般不会把豹子吃掉，只会将尸体弃置原地扬长而去。而豹子也会主动地在时间和空间上回避老虎，谨慎地获取生存空间。

体重称王：棕熊

　　棕熊是陆地上体形最大的食肉目哺乳动物之一。在东北，流传着"一猪二熊三老虎"的说法。对于人类来说，野猪和棕熊似乎比老虎更有杀伤力——因为老虎虽然是食肉动物，但性格比较谨慎，没有把握不会轻易出击，而野猪和棕熊却更容易与人发生冲突。

　　老虎捕食棕熊的记载并不罕见。虽然棕熊的力量和咬合力与东北虎不相上下，但当它们处于受伤、休弱、冬眠期间，或者年纪尚小、缺乏生存经验的时候，就比较容易沦为老虎的食物。

黑熊出没

在东北虎豹国家公园，除了棕熊，还有亚洲黑熊出没。当地的棕熊为东北亚种，又名乌苏里棕熊，毛色也较黑，乍一看好像和亚洲黑熊长得差不多。其实，亚洲黑熊体形比棕熊小很多，且亚洲黑熊胸口有月牙形白斑，还是比较容易分辨的。亚洲黑熊也是国家二级保护动物。

棕熊

体长：110 ~ 120 厘米

体重：125 ~ 225 千克

常见程度：★ ★

保护等级：国家二级

主要生境：森林、苔原

食物：杂食动物，植物性食物占总食物的一半以上，但只要有机会，它们也会吃昆虫、有蹄类动物、鱼或腐肉等动物性食物

棕熊怎么冬眠

从严格意义上来说，棕熊并不能算真正的"冬眠"动物，它们最多算是"蛰伏"：虽然冬天它们多数时间在睡觉，新陈代谢也会降低，但在遇到危险的时候它们还是会醒来。母棕熊还会在"冬眠"期间生下自己的宝宝。在冬天吵醒一只熊可不是一个好主意！

不过，即使不算真正意义上的冬眠，棕熊为了过冬也已经很不容易了，它们需要在秋天增重50千克左右以应对漫长冬季。奇特的是，这样迅速地增重却不会导致棕熊产生任何健康问题，这可太令人羡慕了！

呦呦鹿鸣：梅花鹿

　　梅花鹿是整个东亚人民最熟悉的中型鹿类，也是少数成年之后身上仍然有斑点的鹿类，在丛林当中它们依靠这身斑点"迷彩装"来隐身。它们的叫声丰富多变，古人以"呦呦鹿鸣"来形容其悠长的叫声。过去，人们曾为了获取鹿茸而捕杀它们，现在它们已成为国家一级保护动物。

身上有梅花般的白色斑点，在冬天斑点会变得较不明显

遇到威胁的时候会抬起尾巴，"炸开"屁股上白色的毛发

腿比较短，遇到危险的时候会跳着跑走，躲进树丛

梅花鹿

体长：100 ~ 170 厘米
体重：40 ~ 150 千克
常见程度：★ ★ ★
保护等级：国家一级
主要生境：树林和草地
食物：不仅吃落叶树的叶子，针叶树的树叶对它们而言也不在话下，有时也会吃苔藓和地衣

鹿从牛科分离而来

大约在 1000 万年前的中新世，原始的鹿科动物从牛科分离出来。原始的鹿科动物生活在欧亚大陆东部较为开阔的地方，并不像现在很多鹿那样生活在森林里。目前，世界上一共有约 50 种鹿。

奇特的鹿角

鹿和牛科动物最显著的不同在于它们的角：鹿角每年都会脱落，而牛科动物（如羚羊）的角都是终生生长的。鹿角是哺乳动物中生长速度最快的组织之一，例如梅花鹿的鹿茸每天可以生长约 1.2 厘米。鹿角生长时其相关的皮肤、毛发、汗腺、神经、血管、骨骼等都是同时完全再生的，其再生能力和速度实在是惊人！

20 世纪 70 年代的时候人们发现，如果鹿在长角的时候发生了骨折之类的意外，对侧的鹿角长出来以后就会变形，至于具体的原因至今还无人知晓。

成年雄性长角，角一般不超过 4 个杈，偶尔可见 5 个杈

很多种鹿都会开荤吃肉

虽然鹿被归为典型的植食性动物，但是只要有机会，它们也会吃小鸟、鸟蛋甚至小型哺乳动物等肉食。

雄性颈部有较长的鬣毛

傻狍子：东方狍

在东北，人们把狍（páo）称为"傻狍子"，原因是它们好奇心很重，即使被天敌追击或受到惊吓，它们也会过一段时间跑回原地看看发生了什么事。这主要是因为它们占有一块自己的领地很不容易，不到万不得已不会离开自己的领地，只要警报解除，它们就会回来继续生活。狍子实际上是非常胆小而又敏锐的动物。

雄性狍每年 2-3 月会长出一对角，到 11 月脱落

受到惊吓时，尾下的白毛会"炸开"，露出鲜明的白屁股

东方狍

体长：95 ~ 140 厘米

体重：20 ~ 40 千克

常见程度：★ ★ ★ ★ ★

主要生境：密林、草甸

食物：以草本植物为主，冬天食物不足的时候，会降低自己的代谢率，以减少能量的消耗

东北曾经有"棒打狍子瓢舀鱼，野鸡飞进饭锅里"的说法，可见过去狍子的数量是很多的。但现在它们的数量已经大不如前，因此在野外遇到狍子也不是一件容易的事儿。

作为一种领地动物，它们在圈养环境中很容易紧张并应激，所以野生狍子的圈养成功率很低。

确保夏天出生

狍子的发情期在 7-8 月，但此时产生的受精卵一直在妈妈的子宫里，一直到 12 月才开始着床发育——这样小狍子出生的时候正好是春天，妈妈能获得足够的营养来产奶喂养它们。这种现象叫作"胚胎滞育"，东方狍是唯一有这种现象的有蹄动物。

动物不脸盲：西方狍

东北虎豹国家公园里的狍子是东方狍，又叫西伯利亚狍。它们在欧洲还有个外貌与之相似的亲戚，叫作西方狍。

● 西方狍的体形更小一些。

● 西方狍的角更短，而且分枝较少。

● 西方狍生活在更加温暖的地区。

余香绕林：原麝

原麝（shè）俗名香獐，在历史上人们曾长期为了获取麝香而猎杀它们，现已被列为国家一级保护动物。它们的食物非常多样，从地衣、苔藓到几百种高等植物的根、茎、叶、花、果实、种子、树皮等，夏天偶尔还会吃蛙等小动物。

雄性长有明显突出的獠牙

颈部有白纹

雄性下腹有香囊，可分泌麝香

麝不是鹿

麝曾被认为是一种原始的鹿，但实际上麝和鹿有很多区别，比如麝不长角，雌麝只长 2 个乳头（而鹿有 4 个），幼麝的身上没有斑点，等等。所以，它们虽然也是偶蹄目动物，但不属于鹿科，而是自成一科——麝科。

体大如马：马鹿

马鹿的体形比梅花鹿要大得多，是世界上体形第二大的鹿，仅次于驼鹿，是国家二级保护动物。巨大的体形使马鹿可以更好地适应严寒天气，也减少了被捕食的风险。在东北虎豹国家公园，马鹿是东北虎的主要猎物之一。相较适应森林生活的梅花鹿，马鹿对树林的依赖程度没那么高，更多地出现在草原和稀疏的针叶林地带。

成年雄性的角可达6个杈

身形巨大，体重可达200千克以上，身长超过2米

林间隐士：欧亚红松鼠

冬季会长出长长的耳毛，这是其不同于其他松鼠的最显著特征

背毛夏天呈红棕色到黑褐色，冬天有些毛会变白

腹部毛发为白色

蓬松的大尾巴长度和身体差不多，在树间腾跃的时候起到保持平衡的作用，冬天也可用来保暖

欧亚红松鼠

体长：20 ~ 22 厘米

体重：0.28 ~ 0.35 千克

常见程度：★ ★

主要生境：针叶林

食物：各种坚果、野果、真菌、树汁、鸟蛋等

欧亚红松鼠主要生活在温带针叶林当中，在温带阔叶林中也有少量分布。它们多数时间都在树上活动，会存储植物种子作为食物，由此起到了一定散播种子的作用。欧亚红松鼠有很多亚种，宠物界出名的"魔王松鼠"就是欧亚红松鼠的东北亚种，也是东北虎豹国家公园里最常见的欧亚红松鼠。在笼养条件下，欧亚红松鼠可以活到 10 岁，但自然界中它们平均寿命不超过 3 岁，许多松鼠不满 1 岁就沦为猛禽、鼬科动物、猫科动物和犬科动物的盘中餐。

注意，松鼠出没

　　欧亚红松鼠体形很小，且在野外行动灵敏快速，还经常藏在树叶间，使我们难以发现。但它们的一些活动痕迹会告诉我们，它们就在不远处。

　　⚪ 痕迹一：冬天临近时，松鼠会扒一些针叶树的树皮，带回家给窝"铺被子"保暖。平时它们也会啃树皮来磨牙和做标记。在食物不足的时候，松鼠会靠啃食树皮中的韧皮部来获得营养。因此，发现树干上被啃掉一块树皮，这很可能就是松鼠活动留下的痕迹。

　　⚫ 痕迹二：如果你发现树杈间或者树皮缝隙里面卡着一些原本不属于那里的果实或干草，那可能也是松鼠干的，它们这是为了风干食物，便于储藏。

松鼠知多少

　　松鼠科是啮齿目动物中的一个大家族，全世界有278种，中国有43种。按照它们的生活习性，可以分成飞松鼠、树松鼠和地松鼠3类。

　　飞松鼠主要在夜间活动，能用四肢间的皮膜在树丛间滑翔，鼯鼠、飞鼠都属于这一类。

　　树松鼠是我们最熟悉的松鼠，它们多半在白天活动，有一条蓬松的大尾巴，冬天可以保暖，在树间跳跃时也有利于保持平衡。欧亚红松鼠和广布南方的赤腹松鼠都是典型的树松鼠。

　　地松鼠主要在地面活动，有强健的爪，擅于挖掘。地松鼠的尾巴多半没有树松鼠那么膨大。岩松鼠、花鼠是这一类松鼠的代表。

鼯鼠

花鼠

东北三宝：紫貂

生活在亚寒带针叶林中的紫貂长有一身厚实温暖的皮毛，其"貂皮"曾被列为"东北三宝"之一。为了获取貂皮，野外的紫貂曾遭人类大量捕杀，如今紫貂已经是国家一级保护动物。在野外，紫貂捕食老鼠、小鸟等小型动物，有时也会吃浆果等植物。它们的主要天敌是同属貂科成员的黄喉貂和一些猛禽。不过，紫貂比黄喉貂更耐寒冷，常常出现在更高海拔的地区——虽然惹不起天敌，躲还是躲得起的。成语"狗尾续貂"里的貂便是指的紫貂。

虽然名叫"紫貂"，但其实毛色很多样，从黄褐色到黑褐色都有

尾巴的长度不到身体和头长度的一半

蜜狗子：黄喉貂

　　黄喉貂是国家二级保护动物，从中国南部地区到东北都能见到它们的身影。它们的体形和一只小狐狸差不多大，而且家族性很强，有时会成群结队地捕捉猎物，甚至能放倒原麝这样的小型有蹄类动物。它们也吃动物的尸体，起到"清道夫"的作用。除此以外，它们也喜欢吃植物果实等"素食"，尤其喜欢吃蜂蜜，所以在东北又有"蜜狗子"之称。

头顶到颈背为纯黑色，一般越靠近南方，黑色部分就越多

前胸部有鲜亮的黄色斑纹

缤纷鸟类

东北虎豹国家公园是东北亚鸟类的重要迁徙通道，许多鸟类都在夏季来到这里生儿育女，也有一些鸟类即便到了冬季也不畏严寒，坚持留在这里。

花尾榛鸡

虽然是松鸡科的鸟类，但花尾榛鸡的大小其实和一只鸽子差不多，相当袖珍。它们是典型的森林鸟类，喜欢生活在林下浆果丰富的地方。除了松子等坚果和各种浆果以外，它们也吃杨柳、桦树的嫩芽和花序，有时还会吃树上的苔藓。如今野生花尾榛鸡数量很少，属于国家二级保护动物。

北长尾山雀

冬天的时候北长尾山雀变得肥嘟嘟的，样子和雪团子非常相似。它们会组成几只到十几只的小群一起过冬——因为体形小，它们只有抱团取暖才可能挨过严酷的冬天。它们是食虫鸟类，主要吃各种节肢动物，偶尔也会吃一些植物种子。到了繁殖季节，北长尾山雀会离开鸟群，寻找自己的配偶组建家庭，用蜘蛛丝、苔藓等材料在灌木里构建自己小小的巢。它们的巢制作十分精细，会铺上好多绒羽，想必是十分舒适的。然而，许多巢都会被捕食者发现，只有约17%的雏鸟能被养大。育雏失败的鸟爸鸟妈一般会转而去帮助自己的亲戚抚育后代，使它们的雏鸟有更多机会长大。

中华秋沙鸭

中华秋沙鸭也被称为鳞胁秋沙鸭、唐秋沙鸭，有"国鸭""鸟中大熊猫"的美誉。东北虎豹国家公园是它们的主要繁殖地之一，每年 3-11 月，它们都会在此生育自己的后代。它们喜爱在清澈的大河里面捕捉泥鳅、北极茴鱼等鱼类和石蚕蛾、甲虫等昆虫，是湿地环境健康的指示物种。由于栖息地严重破碎化，中华秋沙鸭现在是国家一级保护动物。

鸳鸯

鸳鸯自古以来被中国人认为是爱情的象征，不过实际上它们的感情也就维持一个繁殖季（一般在 5-8 月）罢了，雏鸟孵出之后，将由颜色较为灰暗的雌鸳鸯独立抚养长大。雄鸳鸯也不总是那么色彩靓丽：在繁殖期的末尾它们也会换羽，此时它们不能飞而且颜色也不太好看，只有红色的喙还保留着原来的颜色，不过入冬之前它们就会换完羽毛重新披上"婚装"啦。如果你有幸见到这种国家二级保护动物的话，可以留意一下它们的叫声，和普通的鸭子有很大的不同——有人说听起来更像小狗的叫声，你觉得呢？

白尾海雕

　　很多人可能听说过美国国鸟白头海雕，殊不知在东北虎豹国家公园里就有其亲戚——国家一级保护动物白尾海雕。它们可能是现存翼展最大的雕，明显的白色尾羽是最显著的特征。白尾海雕主要以鱼类和水鸟为食，有的时候也吃腐肉。它们会在大树或者悬崖上筑非常大的巢，并且年复一年地加固使用，最终可能因为太重而坍塌。

以下分别是白尾海雕、白头海雕、虎头海雕，你能分辨三者的不同吗？

白头海雕

白尾海雕

虎头海雕

长尾林鸮

长尾林鸮（xiāo）是比较典型的森林鸟类，是国家二级保护动物。它们在很多地方都以繁殖期的火爆脾气而出名——如果感觉到威胁，攻击人类对它们来说也不在话下。不过它们对自己的婚姻相当忠贞，一对配偶之间的关系能维持数年甚至终生，属于非常专一的猛禽。

长尾林鸮最喜欢吃各种啮齿动物，有时也会捕食鸟类，甚至可以捕捉和自身体重相近的猎物。由于它们是相当大型的猫头鹰，除了乌林鸮和雕鸮之外没有太多的敌手。不过，它们有时也会受到金雕、白肩雕、苍鹰、赤狐、狗獾、貉等动物的威胁。

长尾林鸮会在树洞中筑巢，有时也会利用猛禽的旧巢

两栖和爬行类

　　为数众多的两栖动物和爬行动物为东北虎豹国家公园增加了勃勃生机。如果你夏天来访，那就是观察它们的好时机，尤其是当你在河边行走的时候，可以多注意观察，这里是最有可能见到它们的地方。

东北小鲵

　　如果你听到东北人说乌鱼，他们说的可能根本不是鱼，而是东北小鲵——一种四只脚的两栖动物，也有人叫它们"小娃娃鱼"。如今，其种群数量呈下降趋势，已被列为国家二级保护动物。这种小鲵一般生活在海拔200～300米的丘陵山地，以多种昆虫为食。

极北鲵

　　极北鲵是国家二级保护动物，无愧于"极北"之称，极北鲵能够在 -50℃的低温下存活，主要原因是它们在进入冬眠之前体内会产生一种抗冻物质，从而在休眠时保护身体不受冻伤。

东北林蛙

　　东北林蛙曾经被认为是中国林蛙的一个亚种，大部分人可能更熟悉它们餐桌上的俗名"雪蛤"——这种号称具有养生功能（并没有科学证据）的食物实际上是用它们的输卵管做成的。

东方铃蟾

　　东方铃蟾遇到危险的时候，会从后腿和腹部分泌出白色的毒液，同时它们会以僵直状态"装死"，露出红黑相间的腹部，以此警告捕食者"我不好吃"。这一招并不总是奏效，它们还是会沦为一些蛇类的食物。雄性东方铃蟾没有声囊，但为了吸引配偶能发出响亮的叫声。

红点锦蛇

　　红点锦蛇又叫红纹滞卵蛇，俗名水蛇。它们呈红褐色或黄褐色，头背部有倒"V"字形黑斑，全长不到 1 米。它们多数生活在河滨、池塘及其附近的田野、菜地或水沟内。它们喜欢吃泥鳅、蛙类以及鳝鱼。

东亚腹链蛇

　　东亚腹链蛇俗称"水长蛇"，是东北地区常见的无毒蛇种类之一。它们体形较小，喜欢在水体附近活动，捕捉鱼、蛙、蚯蚓或小鸟。

鱼类

东北虎豹国家公园水系发达，丰沛的水资源孕育了多样的淡水鱼类。其中，图们江、绥芬河、乌苏里江是三块鱼、马苏大马哈鱼、细鳞鲑等洄游鱼类的重要繁殖地，它们的洄游通道都能到达东北虎豹国家公园。

马苏大马哈鱼

马苏大马哈鱼是国家二级保护动物，它们在河水中出生，生活1年之后会去海里生活；雌鱼长到3岁性成熟后，才返回它们出生的河流里产卵。性成熟的马苏大马哈鱼身体两侧是红色的，有粉色条纹，看上去非常漂亮，又称为"樱鳟"。产完卵之后它们就会死去，成为许多动物（如熊）的口粮。也有一部分马苏大马哈鱼不会游到海里，终生都在江河淡水中生活，它们产卵后不会死亡，第二年可以继续繁殖后代。

三块鱼

三块鱼又名滩头鱼，平时生活在西北太平洋中，在每年5-7月的繁殖季节，它们会溯河而上，沿着黑龙江、图们江、绥芬河等淡水河向上游游去：第一批颜色红、体形小，被称为"金滩头"；第二批体色浅、体形中等，被称为"银滩头"；第三批体色深、个头最大，被称为"黑滩头"，是繁殖的主力军。完成产卵任务后，它们会回到海中继续生活，而小鱼会在河湾长大，直到秋天才进入海中。

北境植物访谈

东北虎豹国家公园地处亚洲温带针阔混交林生态系统的中心地带，保存着极为丰富的温带森林植物物种。这里的四季是五彩的：春天野花绽放，夏天林涛阵阵，秋季层林尽染，冬季的林海被白雪覆盖，仿佛一个童话王国。

根据最新东北虎豹国家公园综合科学考察数据显示，东北虎豹国家公园已记录到 **884** 种种子植物。其中国家一级保护植物 **1** 种，为东北红豆杉；国家二级保护植物 **7** 种，包括红松、钻天柳，以及水曲柳等。

高大且醒目的红松

哇，东北虎豹国家公园的森林可真是名不虚传，这里的树木真高大！

没错，作为东北虎豹国家公园森林生态系统的主要树种之一，我们红松分布很广，且长得高大醒目，可以达到四五十米高。我们常与其他树种形成针阔混交林，东北虎就喜欢栖息在这里。

我们红松是一种裸子植物，你们吃的松子就是我们的种子。在野生状态下，松鼠、星鸦等小动物会帮我们传播种子。我们曾是最典型的松木来源之一，用途非常广泛，但现在是不允许砍伐的国家二级保护植物啦。

同样高大的长白松

这棵松树也很高大，但是好像与红松不太一样？

那当然，我叫长白松。说到高大，我们长白松也不遑多让，我们能长到50米高，主干直径能达到1米，具有蓝绿色的针叶和橙红色的树皮。我们也曾是最典型的松木来源之一，还能用来提炼松香和松节油。不过由于过度开发，我们已经被全面禁伐，还是国家二级保护植物呢。

全株有毒：东北红豆杉

这棵不是松树了吧，它有红色的果实，但是怎么看上去又有点像松树？

松科是松柏目的一科，通称松树。我们东北红豆杉属于松柏目红豆杉科，是松树的亲戚，所以我们与松树长得稍微有点像啦。

当你看到我们东北红豆杉的时候，可能会首先被我们红色的"果实"所吸引。其实我们像其他红豆杉一样，是不会结果的，红色的部分只是我们种子上的假种皮，用来吸引鸟类帮我们传播种子。你仔细看看，我们的种子就藏在红色的假种皮里。你可不要被这一点点可以吃的假种皮所迷惑，其实我们全株都有毒，尤其是树皮、种子和树叶的毒性很大，吃下去可能致命。

不过，我们的木材纹理细致、色泽美丽且具有香味，被视为良好的建筑及家具用材。如今，人们还从我们身上提取出了紫杉醇，做成了抗癌的良药。但可不能随意砍伐我们哦，我们是国家一级保护植物呢。

松树与森林火灾

松树含有的松脂是一种可燃物质，但松树树干下部的树皮比较厚，且里面含有大量的硅元素，其实比较耐火烧。正常情况下，如果森林着火，一些比较大的松树仍能幸存下来，而且火灾之后留下的空地和营养物质，会更有利于新生树木的成长。

不过，在一些人工林当中，松树之间的间距很小，一旦着火就会迅速蔓延，往往一发而不可收拾，很容易造成比自然条件下更严重的火灾。

珍贵的阔叶树种：黄檗

除了各种松树，听说东北虎豹国家公园里还有很多珍贵且有用的树木呢！

　　没错，说到珍贵的树木，那就不得不提我们黄檗（bò）了，我们与水曲柳、胡桃楸并称为"三大珍贵阔叶树种"。东晋有一本叫《抱朴子》的书里记载，吃了我们的根瘤就可以成仙——大家可别信啊！我们的树皮（韧皮部）比较发达，摸上去软软的，内部呈明黄色，人们用我们的树皮捣出的汁给纸张染色，可以做出防蛀的黄色纸张，这种纸被叫作"黄卷"。

　　我们黄檗还是常用的中药，也是提取小檗碱（黄连素）的重要原料。近年来由于黄檗药材价格不断上升，不法分子见有利可图纷纷上山盗采野生黄檗，致使大量黄檗惨遭破坏。如今，我们已经是国家二级保护植物。

不是核桃树的胡桃楸

你是核桃树吧！你的核桃在哪里，我想尝尝！

　　我可不是核桃树！只是我们胡桃楸的长相有点像你们熟悉的核桃树，结的果也不少，但却很少有人吃——因为我们的果实比核桃小，且果仁很少。但我们果核的花纹很漂亮，很多人将其作为装饰品或把玩之用。所以，我们在文玩市场颇有名气。

　　我们胡桃楸的木材坚硬，是一种著名的硬木，可以用于建筑、家具或拐杖等。但就是因为我们用途广泛，尤其木材性能优越，遭到大量砍伐，我们同胞的数量也急剧下降了。

不是柳树的水曲柳

> 听说你叫水曲柳？这次我可没认错，但是你长得的确不像柳树。

别被我的名字误导了，我们水曲柳可不是一种柳树，而是木犀科梣属的植物，和桂花的亲缘关系比和柳树的关系还要更近一些。

我们水曲柳的花并不起眼，靠风传粉，种子是很多鸟类的美食。

我们水曲柳分布范围极广，不仅跨越中国东北、西北部分地区，而且在俄罗斯东部、日本北部及朝鲜也有我们的身影。其中，中国东北是水曲柳的主要分布区，也是中心分布区。我们高大挺拔，适应性很强，可与许多针阔叶树种组成混交林，形成复合结构的森林生态系统，对提高整个森林的水源涵养、土壤保持能力等具有重要意义。我们是国家二级保护植物哦！

花朵缀满枝：紫椴

> 哇，紫椴树的花可真漂亮，还有很多蜜蜂来采蜜呢！

我们紫椴是东亚特有的树种，高 20～30 米，只存活在中国东北、华北和朝鲜，属于国家二级保护植物。我们喜欢生长在海拔较低的山林里，与红松以及其他阔叶树种生长在一起。我们喜欢沙质的土壤，不太喜欢会积水的地方。

每到 6 月，紫椴花开时，黄白色的花朵缀满树枝，花繁叶茂，引来成群的蜜蜂往来穿梭。紫椴花蜜营养丰富，是重要的蜜源植物呢！

会"化妆"的柳树：钻天柳

哇，这里有一片红色的树木，在冬天的皑皑白雪中真是亮眼！

冬季的钻天柳

我们叫钻天柳，能长到 30 米，而且我们对环境不太挑剔，长得很快，所以能在众多树中卓然而立。

我们钻天柳又叫化妆柳，因为我们的枝条春夏季节时是绿色的，秋季开始逐渐变为枣红色或粉红色。我们是中国东北地区唯一枝条会变成红色的大乔木，是不是很神奇？如果你冬季来到东北虎豹国家公园，会看到火焰般的钻天柳一丛丛、一片片，令人目不暇接。

我们钻天柳的出材率高，质地坚实，加工性能良好，因此也是非常重要的建筑、家具等用材。但我们如今已经是国家二级保护植物，不可以随意砍伐哦！

春夏季节的钻天柳

钻天柳的叶与花

大豆的祖先：野大豆

看多了大树，也要注意观察地上的草本植物，同样有很多神奇的植物哦！

　　我来代表草本植物发个言吧。别看我们野大豆个子小、不起眼，也是森林当中重要的组成部分，还是国家二级保护植物呢。你们都吃过黄豆吧，我们就是大豆或者说黄豆的祖先。大豆在中国有约 5000 年的栽培史，大豆不仅为你们人类贡献了大量的蛋白质，还成为了你们重要的调味品来源。

　　我们的藤蔓可以攀附在其他植物身上生长，我们结的豆子虽然比你们吃的大豆要小一些，但却更结实，也是很多动物喜欢的食物。我们对人类很有用，有人类科学家利用我们的抗病基因，增加人工栽培大豆的抗病性能。

国宝级食材：松口蘑

来到东北虎豹国家公园，蘑菇也是非常值得仔细观察的！但是要注意，蘑菇并不是植物哦！

　　没错，我们蘑菇其实是真菌。我呢，就是松口蘑，我来代表蘑菇发言啦！我就是大名鼎鼎的"松茸"，美食界的国宝级食材，但我们还没有实现人工养殖哦！

　　我们必须与松、栎等植物的根部共生，仅在秋天短暂出菇，而且一旦冒头就要赶紧采收，否则我们的"伞盖"打开后，特有的香气就会逐渐丧失。所以，能吃到我们还真不是一件容易的事呢。当然，我们是国家二级保护物种，不可以随意采摘哦。

人与自然

　　东北虎豹国家公园四季分明，群峰竞秀，林海氤氲，拥有着丰富多样的自然景观。同时，这里历史文化底蕴深厚，也是中国重要的文化发源地之一，众多的民族在这里世代繁衍生息。

　　东北虎豹国家公园森林密布，与俄罗斯滨海边疆区的豹地国家公园接壤。但与俄罗斯境内虎豹频繁出没的西伯利亚地区相比，东三省人口密度高出十几倍。如何平衡人类与虎豹等野生动物的需求，是一个漫长而艰巨的挑战。保护野生动物的背后，是无数基层工作者以及当地居民的默默守护。"王者"已归，前方的路任重道远。

河流峡谷景观：兰家大峡谷

　　兰家大峡谷位于长白山老爷岭北麓，吉林省延边州汪清县境内，森林覆盖率高达97.9%，1000余种野生动植物在此繁衍生息。兰家大峡谷由大石河、五棵松、金岭松涛三个景区构成，拥有原始森林生态、奇妙石林景观、秘境边陲林场、美丽林区雪乡等自然遗迹和人文景观。

　　这里山石错落、河流奔腾，山清水秀、自成一体，构成了神女潭、九叠瀑、龙王潭、青石溪等河流、瀑布、峡谷连绵的自然景观。大石河景区东端的河岸北侧有一座屏风山，海拔约450米，山势陡峭险要，其上有苍松挺拔生长，如同一面屏风向游览者展示兰家大峡谷的四季风光。在这里，你或许能够看到东北虎、东北豹出没的踪迹哦。

禽鸟聚集的珲春敬信湿地

敬信湿地位于吉林省珲春市图们江下游的敬信平原，这里是中国、俄罗斯和朝鲜三国交界地区，具有优越的地理位置和重要的战略地位。在地质、河流、海洋和气候的综合作用下，该地区地理和地貌景观呈现出多样性和独特性。湿地内江河贯穿，湖泊和沼泽星罗棋布，河流、水渠纵横交错。

敬信湿地素有"雁鸣闻三国，虎啸惊三疆，花开香三邻，笑语传三邦"之美誉，是著名的"候鸟之乡"。

敬信湿地是中澳、中日两条候鸟迁徙路线的交会地，也是候鸟南飞时进入中国的第一站，被誉为候鸟迁徙的"五星级驿站"。每年春秋两季，有数十万只大雁在此停歇、觅食，为漫长的迁徙之路积蓄力量，成为一座迷人的候鸟天堂。丹顶鹤、鸳鸯、金雕、白尾海雕、虎头海雕等多种鸟类是敬信湿地的常客。

多彩的混交林景观

东北虎豹国家公园里的温带针阔混交林地处欧亚大陆东缘，毗临日本海，所以深受海洋性气候的影响，水热条件适宜，植物种类丰富，形成了独特的长白山植物区系。茂密的温带针阔叶混交林带主要分布在海拔 500 米到 1100 米的山地上，其中红松占据主导，也是当地的优势物种，因此也称为阔叶红松林，林中混有黄檗、水曲柳、胡桃楸及白桦等。人们常常用林海来形容它的壮阔景观。不管什么季节，白桦树的树干是白色的，在林海之中尤为显眼，而到了秋天，油绿的红松、艳红的槭树、橙黄的栎树、金黄的白桦树，树叶和雪白的树枝、树干相互交织在一起，色彩丰富美丽。这里也为动物提供了良好的栖居场所、隐蔽条件和食物来源。

冰雪景观：雾凇

"忽如一夜春风来，千树万树梨花开"，很难想象在隆冬的冰封时节，却能在东北虎豹国家公园看到雾凇这样由冰雪形成的"花朵"奇景。雾凇实际上是一种霜，当雾中的过冷水滴遇到树枝等物体时，就会在上面直接凝结起来。所以，雾凇又被称为"树挂""冰花"等。

雾凇形成的时候会吸附空气中的微粒，其疏松的结构可以吸收音波，所以在雾凇森林中人会觉得特别幽静，空气也十分清新。东北虎豹国家公园是欣赏雾凇奇景的胜地，每年 11 月到次年 3 月，都有机会欣赏到美丽的雾凇景观。

东北传统朝鲜族生活

朝鲜族是生活在东北虎豹国家公园内的主要少数民族。中国的朝鲜族与韩国、朝鲜的朝鲜族主体民族是同一个民族，语言、习俗和传统文化相同，而又兼具中国地方特色。

衣

传统朝鲜族一般喜着白衣素服，有"白衣民族"之称。妇女穿短衣长裙；男子穿白色短上衣，外加坎肩，裤裆肥大，宜于盘腿而坐；幼儿上衣的袖筒多用"七色缎"。

食

朝鲜族的主食为大米，酱汤也是日常饮食中必备的。他们还喜欢吃明太鱼、泡菜、辣椒酱等，传统风味食品有打糕、冷面等。

住

　　朝鲜族的房屋一般建在沿山的平川地带，正面朝阳，多为土木结构的草房或瓦房，屋顶多为四面斜坡，房屋间数多。房屋的门窗不分，房间与屋外、房间与房间之间都以滑动拉门隔开。房屋取暖用称作"温突儿邦"（意为温石炕）的火炕。过去，朝鲜族一般不使用椅子和床，桌子和饭桌均是短腿的矮桌，不用时叠放在一边。火炕不仅可用于睡眠，还能在上面用餐或开展其他多种活动。

艺术

　　朝鲜族是能歌善舞的民族，伽耶琴弹唱，顶水罐舞、扇子舞、长鼓舞、农乐舞都是人们喜爱的歌舞节目。摔跤、足球、荡秋千、跳板等是朝鲜族传统的体育娱乐活动。

节庆

　　朝鲜族的主要节日有元日（春节）、上元（元宵节）、寒食（清明）、端午、秋夕（仲秋）五大节日。此外还有3个家庭节日：婴儿诞生一周岁、"回甲节"（60大寿）、"回婚节"（结婚60周年纪念日）。

国家公园的守护者

嗨，大家好，我叫徐春梅，是东北虎豹国家公园里的一名女子巡护队队员。我很普通，我同所有的巡护员们一样，每天都行走在山林间巡护的路上；我也很开心，因为这份工作对于我来说是那么值得骄傲。

巡护员的日常

对每一位巡护员来说，每天的巡护工作都要保质保量完成。在平时的工作中，无论是清理猎套，还是整理红外相机数据，我们都能做到井井有条。每当我找出隐蔽的猎套，都十分有成就感，我们也会一起分享喜悦。虽然野外的巡护工作更适合男性，但从实际的工作中可以看到，我们女子巡护员同样肯吃苦，工作踏实，男性巡护员能做的工作，我们一样能干得很好。

平时，日常工作除了清理猎套、防范盗猎，还要巡查是否有盗砍、盗伐的情况。另外，我们还担负起了宣教工作，

走进乡村、学校，开展生态保护宣传，让生态保护的思想植根于孩子的心中，让孩子以及居民对保护野生动物有更深的认识。

虽然困难，但从没想过放弃

在日常的巡护中，我们几乎每天要在深山中跋涉七八千米。平地行路并不困难，但在冬天的深山中，凛冽的寒风、过膝的积雪、雪后的湿滑，都让我们的巡护变得无比困难。不管气温有多低，我们却经常巡护得大汗淋漓。

到了春夏季节也不轻松——我们还要防范蜱虫，万一被蜱虫咬了，轻则高烧，重则有生命危险。因此，我们在大夏天都穿长袖长裤，但尽管我们防护很到位，很多人还是留了疤。

在巡护时，最惊喜的瞬间莫过于碰到一些平时难以见到的野生动物。但碰到野猪就危险了，特别是带崽的母猪。我们有位队员就不小心在巡护时遇到了野猪，当时她的大腿就被受到惊吓的野猪豁开了一个大口子，还好后来得到了及时的救治。

记得还有一次雪天，我们发现了东北虎的足迹！我正兴奋地追踪着东北虎踪迹，不知不觉来到一个陡坡旁，我脚下一个打滑，一不小心就向下滑去。幸好在下滑过程中，我抓到了一棵树。此时，我的下方是二三十米高的陡崖。我一动不敢动，大声呼救，队员们闻声赶来将我救下，如果掉下去后果真是不堪设想。

坚持下来的理由

如今，在巡护过程中，我们经常会看到梅花鹿、狍子、松鼠、野猪等动物，这说明虎豹栖息地环境正在显著改善。同时，东北虎豹国家公园东宁局拍摄到的虎豹影像也越来越多。

其实，我们好几位队员都是林二代、林三代。当年，我们的父辈也把自己的青春留在了这里，他们热爱自然，热爱动物，热爱生命，不怕苦，不怕累。当年没有车，没有技术，一切都是靠人一步一个脚印走出来的。如今，我们有现代化的巡护设备，有过硬的理论知识。随着工作的深入，我们也终于理解了父辈为何要把青春奉献给大山和野生动物。

刚参加巡护工作的时候，我的孩子总在问我："妈妈，你去山里干什么？"我就经常会给孩子讲自己和队友是如何巡护、保护虎豹栖息的山林。现在，孩子能讲出很多东北虎的习性和故事，看到孩子对于大自然表现出来的爱心，我很有成就感。如今，不仅生态环境越来越好，还有越来越多的孩子喜欢上东北虎，爱上大自然，也更加理解我们的工作，我想，这就是我们坚持下去的理由，也是一种传承吧。

附录

东北虎豹国家公园地理位置示意图

东北虎豹国家公园在吉林、黑龙江两省的位置

东北虎豹国家公园在中国的位置

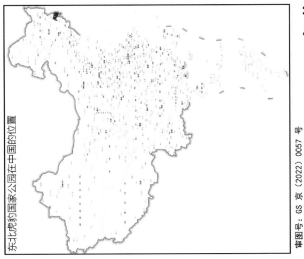

审图号：GS 京（2022）0057 号

图书在版编目（CIP）数据

中国国家公园. 东北虎豹国家公园 / 欧阳志云主编；
沈梅华, 臧振华, 徐卫华著. —上海：少年儿童出版社，
2024.4

ISBN 978-7-5589-1823-0

Ⅰ．①中… Ⅱ．①欧… ②沈… ③臧… ④徐… Ⅲ．①
东北虎—国家公园—东北地区—少儿读物 ②豹—国
家公园—东北地区—少儿读物 Ⅳ．① S759.992-49
② Q959.838-49

中国国家版本馆 CIP 数据核字（2024）第 005799 号

中国国家公园·东北虎豹国家公园

欧阳志云 主编

沈梅华 臧振华 徐卫华 著

萌伢图文设计工作室 装帧

策划编辑 陈 珏　责任编辑 陈 珏
美术编辑 陈艳萍　特约编辑 顾 擎
责任校对 黄 岚　技术编辑 谢立凡

出版发行 上海少年儿童出版社有限公司
地址 上海市闵行区号景路 159 弄 B 座 5-6 层　邮编 201101
印刷 上海丽佳制版印刷有限公司
开本 889×1194　1/16　印张 4.25
2024 年 4 月第 1 版　　2024 年 4 月第 1 次印刷
ISBN 978-7-5589-1823-0 / G・3774

定价 38.00 元